Cita: Jones, A.M., and Ellis, J. (2012). My Life As A Plant. Rockville, Md.: American Society of Plant Biologists.

Adreça de contacte: ASPB, 15501 Monona Drive, Rockville MD 20855 USA. www.aspb.org.

Library of Congress Cataloging-in-Publication Data
LC control no.: 2012939279
LCCN permalink: http://lccn.loc.gov/2012939279
Tipus de material: Llibre (Impressió, Microformat, Microform, Electrònic, etc.)
Nom personal: Jones, Alan.
Títol principal: La meva vida com a planta / Alan Jones, Jane Ellis.
Edició: Primera edició.
Publicat/Creat: Rockville, MD : American Society of Plant Biologists, 2012.
Descripció: p. cm.
Data prevista de publicació: 1206
ISBN: 978-0-943088-33-4 (paper alcalí)

[Translated by: -Irma Roig i Carlos M Vicient]

Imprès als Estats Units d'Amèrica
Primera impresió en anglès, Juny 2012, Minuteman Press, Inc.

La meva vida com a planta

CRÈDITS

EQUIP DE DISENY: Jordan Humphrey, Emily O'Mara i Cathy Jones

EQUIP ARTÍSTIC: Sarah Park, Jacob King, Jeremy Bass, Connor Miranda i Susan Whitfield

CONCEPTE/IDEA: Dr. Alan M. Jones i Dr. Jane Ellis
The University of North Carolina at Chapel Hill

Traducció catalana: Dr. Irma Roig i Dr. Carlos M Vicient

"Hola! El meu nom és Genís Gira-sol!
Les meves arrels es troben SOTA la terra
i les meves fulles creixen PER DAMUNT
de la terra cap al sol."

Les plantes creixen de les llavors cap amunt en direcció al sol. Ajuda a la petita planta a trobar el seu camí cap al sol.

"Jo necessito alimentar-me per a créixer, igual que tu!"

"Però jo utilitzo energia del sol per fabricar el meu menjar amb aire (CO_2) i aigua (H_2O)."

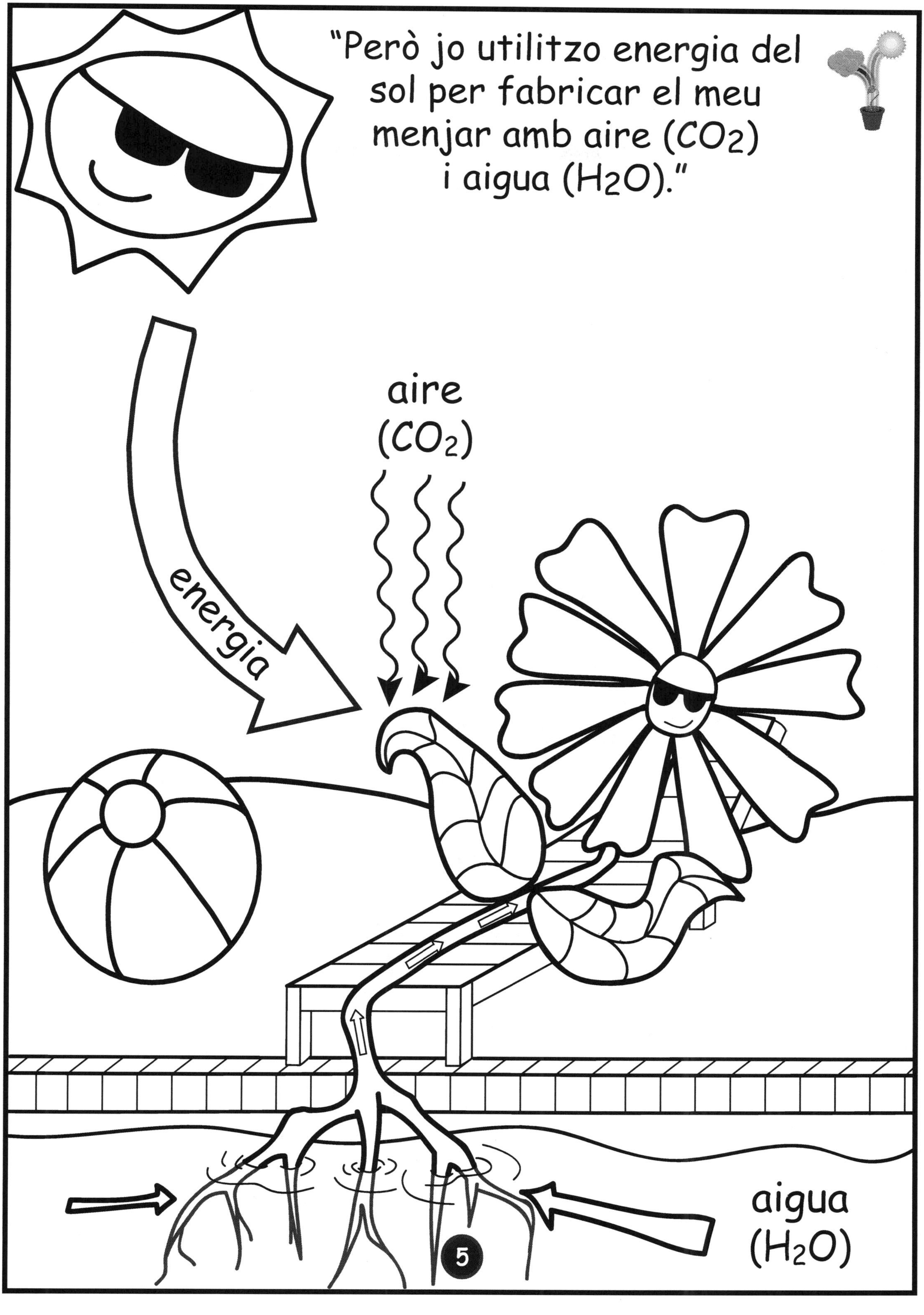

"Els dos necessitem menjar, però el preparem de maneres diferents. Anem a comparar les receptes."

Menjar de Genís

Fotosíntesi:

- Sol
- Diòxid de carboni (CO_2)
- clorofil·les
- aigua (H_2O)
- minerals

Barrejar bé per a obtenir sucre i oxigen.

Menjar per a persones

Galetes de mantega de cacahuet (sense forn):

- 16 galetes tipus "maria"
- $\frac{1}{4}$ tassa de panses
- $\frac{1}{4}$ tassa de mantega de cacauet
- 2 cullerades grans de mel
- 4 cullerades grans de coco ratllat

"Mmm.....sembla deliciós. Anem a cuinar! Sempre demana que t'ajudi un adult!"

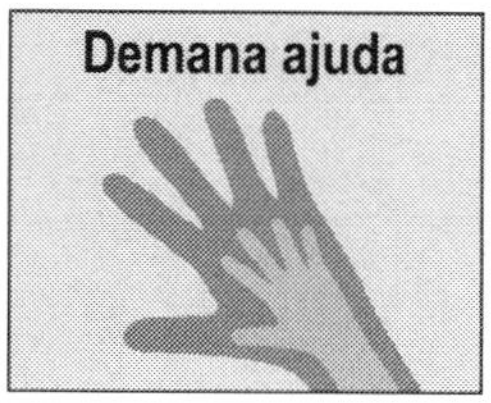

Galetes de mantega de cacauet (sense forn)

Demana l'ajuda d'un adult.

Barreja en un recipient:

les galetes triturades,

les panses,

la mantega de cacauet,

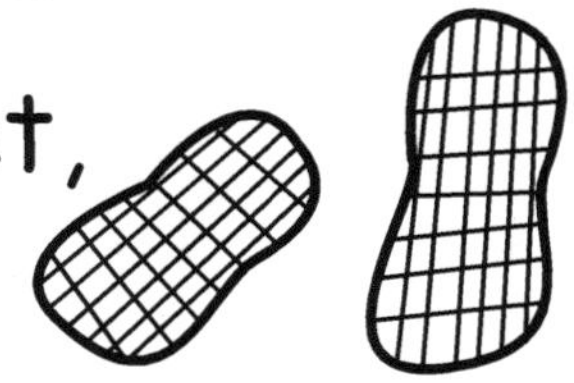

i la mel.

Utilitza una cullera.

Divideix la massa en 8 parts,
dóna'ls-hi la forma de galeta,
aplana-les, i passa-les pel coco
ratllat pressionant lleugerament.

Refreda al frigorífic fins
que estiguin una mica dures.

Sabies que tots els ingredients d'aquestes galetes venen de les plantes?

"El Sol m'ajuda a fabricar el menjar que necessito. També em cal oxigen (O_2), aigua (H_2O), i minerals. Aquests són els elements que m'ajuden a convertir el meu aliment en ENERGIA!"

Les plantes ajuden
a produir l'aire
que necessitem.

"Tu tens ossos. Jo tinc parets cel·lulars.
A tots dos ens mantenen forts mentre creixem".

Pinta totes les parets cel·lulars (P) de color marró.
Pinta totes les cèl·lules (C) de color groc.
Uneix tots els punts de les parets cel·lulars d'en Genís.

Pinta tots els  de color verd. S'anomenen cloroplasts.
Ells li donen al Genís el seu color verd.

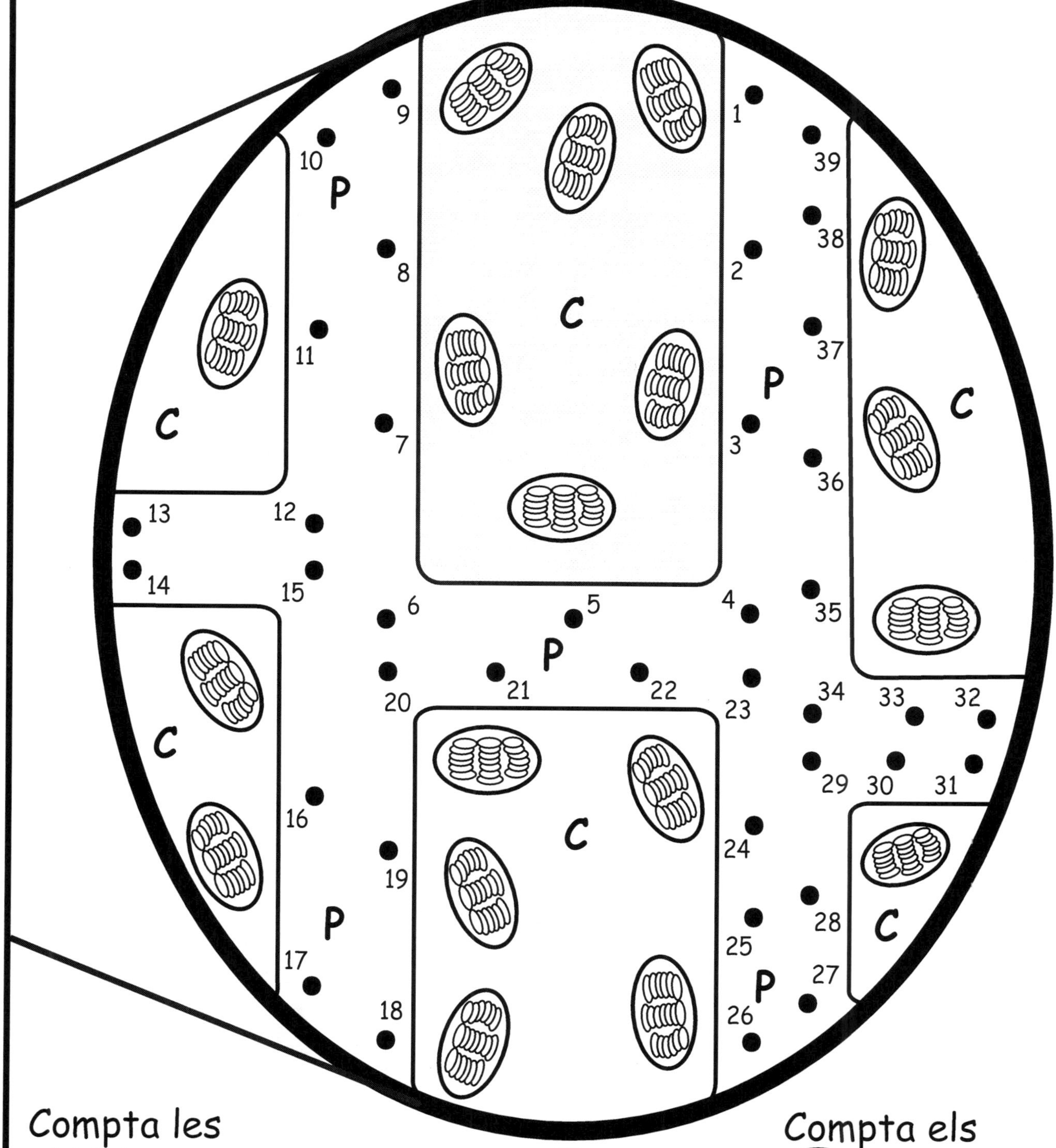

Compta les cèl·lules grogues ______

Compta els  verds ______

"Tu portes el teu esprai anti-mosquits al parc.
Jo puc allunyar els insectes
sense l'ajuda d'un repel·lent!"

A les plantes se'ls pot fer mal, igual que a tu. A les plantes, però, els poden créixer parts noves, a lespersones no. Dibuixa les noves arrels a la flor a la que se li han tallat amb la pala. Aquestes flors també semblen pàl·lides. Per què no les pintes de colors?

"Connecta els punts per a que vegis qui sóc!
Pinta'm."

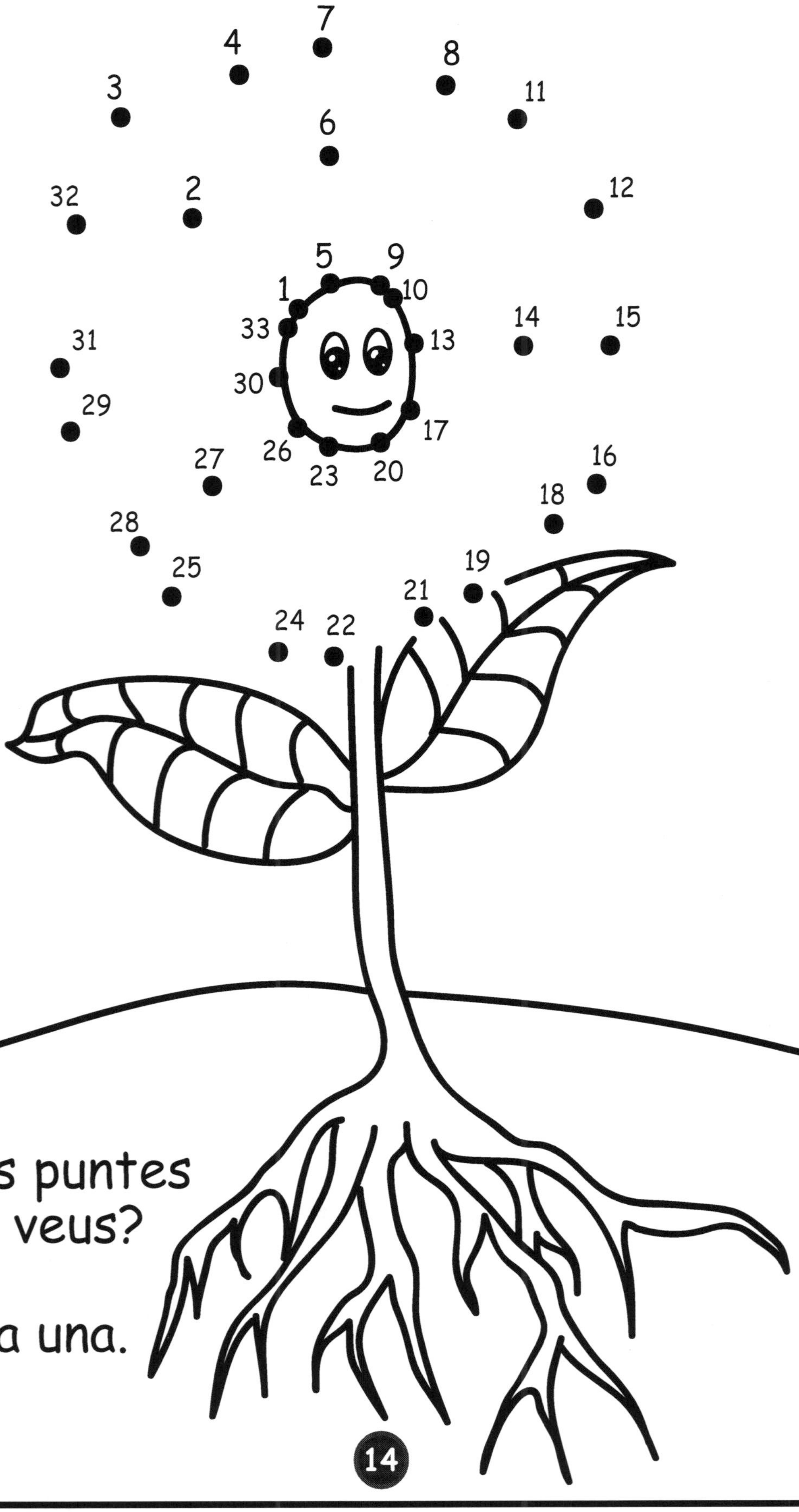

Quantes puntes d'arrels veus?

Encercla una.

Pots trobar les parts de la planta?

Dibuixa una línia a les següents parts del Genís:

1. Pètals

2. Llavors

3. Tija

4. Arrels

Aquest és l'àlbum de família d'en Genís.
"Vinc d'una família molt antiga.
La meva família ha canviat molt al llarg dels anys.
Això és el que fa que jo sigui com sóc avui!"

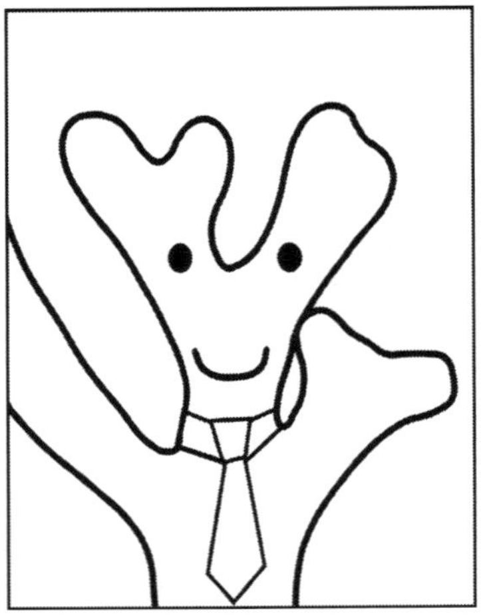

BESAVI
ALGA

AVI
MOLSA

JO!

"Ara explica'm com és la teva família! Pots dibuixar també l'àlbum de la teva família?"

MARE

PARE

Els teus ulls s'assemblen més als del teu pare o als de la teva mare?

Escriu el teu nom aquí

"Els meus amics són de tot tipus de formes i mides."

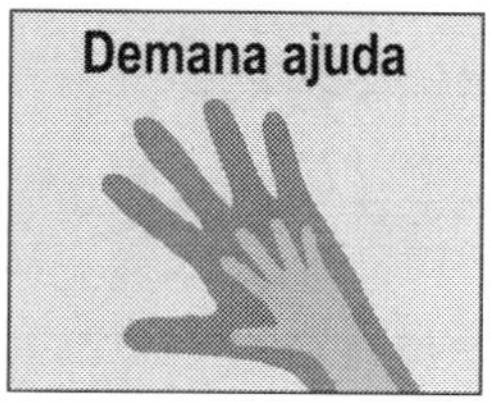

Ves a explorar!
Dibuixa I pinta el que veus!

Troba fulles de diferents formes i mides.

Troba plantes i animals vivint junts.

"Hola, sóc l'avet Albert. Visc a les muntanyes. Tinc les fulles com agulles que conservo tot l'any. Els petits avets creixen de llavors que es troben dins de les pinyes."

"Em pregunto quants avets petits podrien créixer al costat de l'Albert."

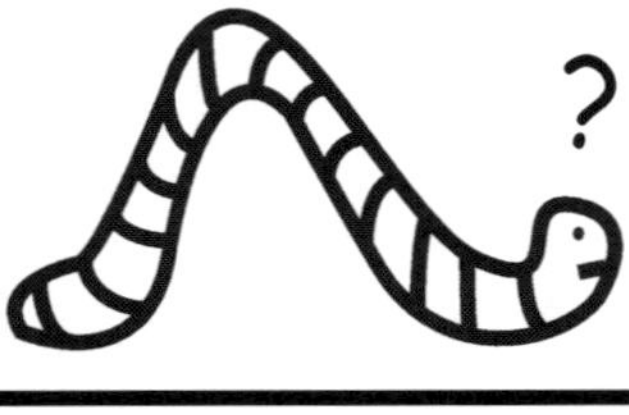

"Hola, sóc la Falguera Fina.
Visc en zones ombrejades sota els arbres."

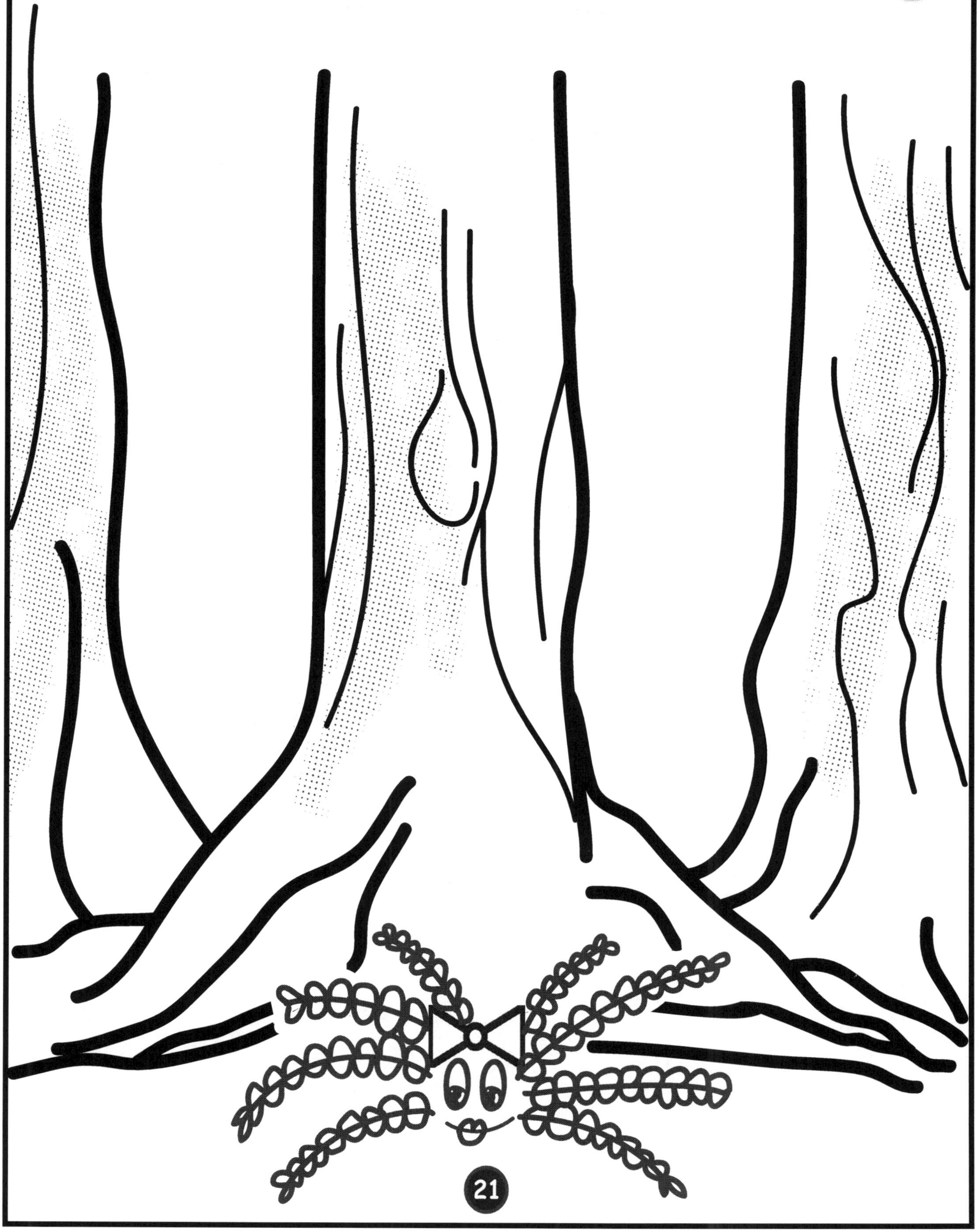

"Hola, sóc el Cactus Carles.
Visc al desert, on fa molta calor
i està molt sec."

Pots relacionar les plantes amb el lloc on viuen?

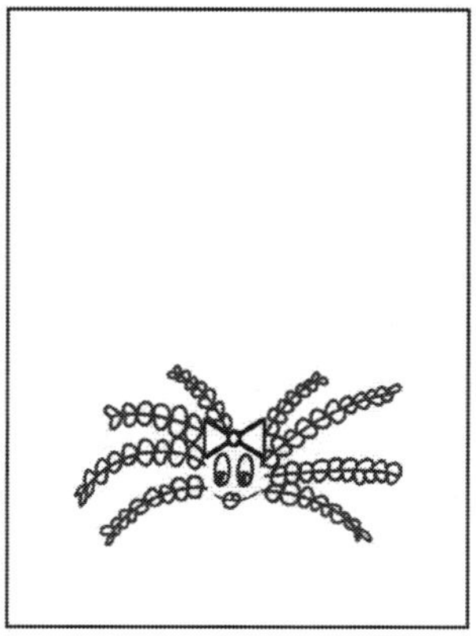

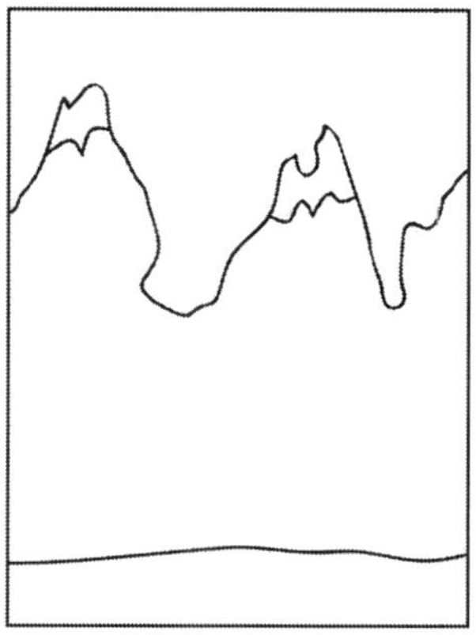

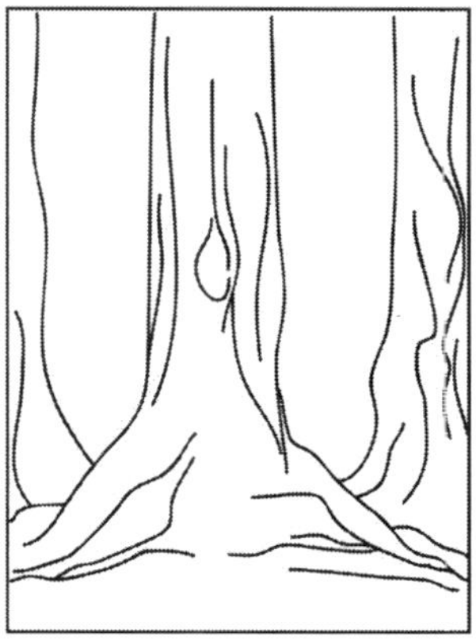

Dibuixa't

Dibuixa on vius TU

"Tot això de créixer I jugar m'ha fet venir set!
Millor bec una mica d'aigua (H_2O)
i respiro profundament!"

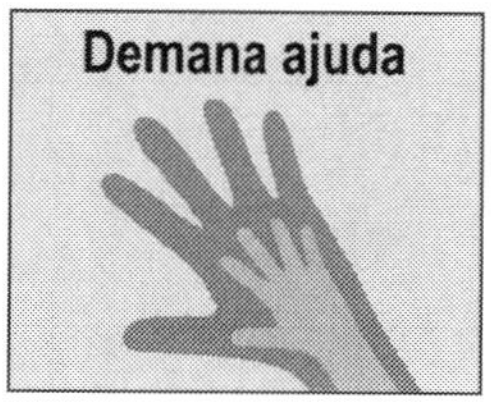

Les canonades de les plantes

Necessites:

- 1 pot (o una tassa pesada que no pugui bolcar)
- 1 tija d'api
- colorante alimentare

1. Omple la tassa fins la meitat amb aigua.
2. Afegeix-hi 4 gotes de colorant alimentari i remena.
3. Talla un extrem de la tija d'api.
4. Col·loca la tija d'api dins de l'aigua. La part tallada ha d'anara la part de baix.
5. Que li passarà a l'api? Dibuixa la teva predicció.
6. Observa què passa. Fes-hi un cop d'ull cada 6 hores.
7. Què hi veus ara? Fes-ne un dibuix.
8. Talla la tija d'api. Què hi ha a dins? Dibuixa-ho.

Repeteix aquest experiment amb altres plantes que tinguin tijes llargues. Què passa que sigui semblant a l'experiment de l'api? Què és diferent?

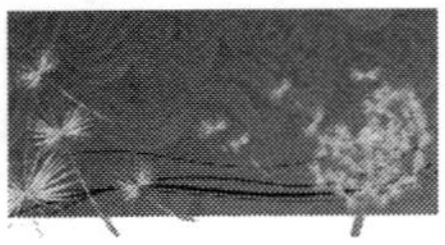

"La meva amiga l'abella Adela m'ajuda
a escampar el meu pol·len. Treballa molt!
M'agrada compartir el meu dolç nèctar amb l'Adela."

Guia l'Adela cap al rusc, recollint el pol·len al llarg del camí!

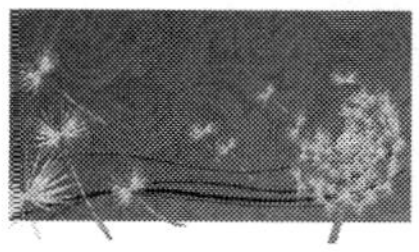

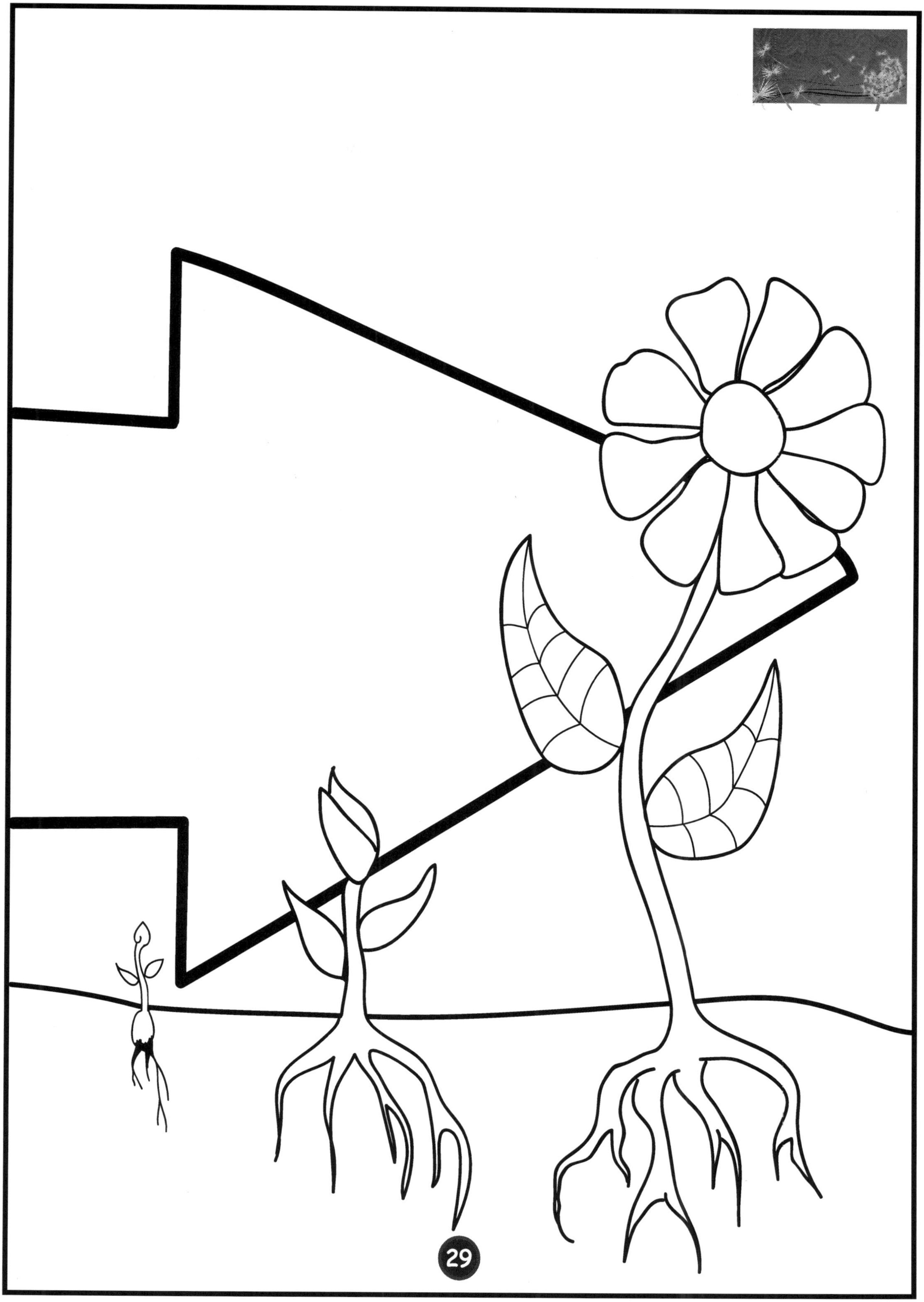

Les fulles de la tardor

A la tardor, les fulles de molts arbres deixen d'utilitzar la clorofil·la. El seu color verd va desapareixent.
Pinta les fulles dels colors de la tardor (groc, taronja, vermell i marró).

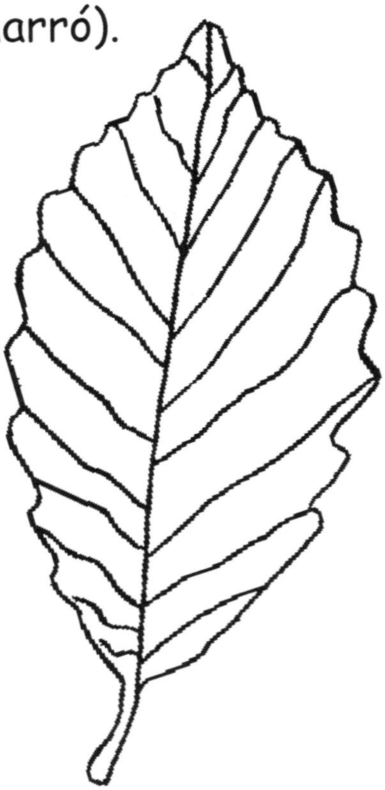

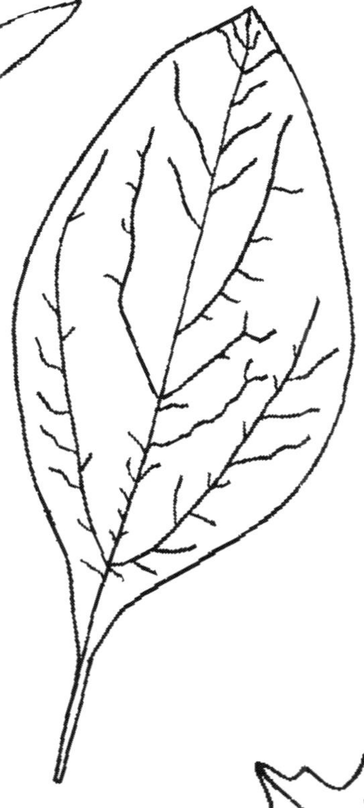

Tot tipus de coses estan fetes de plantes.

Encercla els objectes que estan fets de plantes.

Activitat: Pintant amb plantes

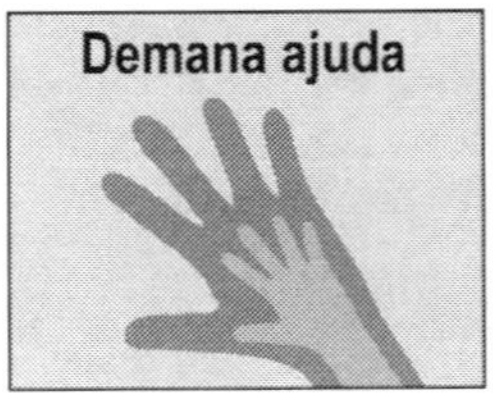

Necessites:

- Vegetals de diferents colors com flors, fruits, verdures i espècies, com ara nabius (frescos o congelats), pastanagues, cafè (el cafè instantani en pols funciona bé), mostassa preparada, vegetals verds (enciams de colors foscos, espinacs), curri en pols i altres vegetals que vulguis utilitzar
- Petits contenidors
- Pinzells o tampons de cotó per pintar
- Aigua
- Opcional: suc de llimona i bicarbonat per cuinar

Instruccions:

En diferents contenidors petits, afegir diferents quantitats de material vegetal triturat o liquat, i una petita quantitat d'aigua. Barreja-ho tot fins que es faci un líquid espès que pugui ser utilitzat per a pintar. Algunes mostres hauran de ser picades, triturades o aixafades en peces petites afegint-hi una mica d'aigua. Això inclou els nabius, pastanagues, pebrots vermells, i enciams/espinacs. Un cop aixafat, el líquid es pot filtrar utilitzant un filtre de cafetera de paper. Els enciams es poden utilitzar per fer un bonic color verd col·locant la fulla directament sobre el paper que es vol pintar i fent passar una moneda per damunt de la fulla. El color verd es transferirà al paper. Els nabius i molts fruits, flors i verdures de color porpra canvien de color en condicions àcides o bàsiques. Si afegeixes unes gotes de vinagre al líquid dels nabius, es tornarà de color rosa. Si s'hi afegeix bicarbonat barrejat amb una mica d'aigua, el líquid dels nabius es torna d'un bonic porpra. També pots utilitzar aquests colorants vegetals per "tenyir" roba, fibres i ous bullits.

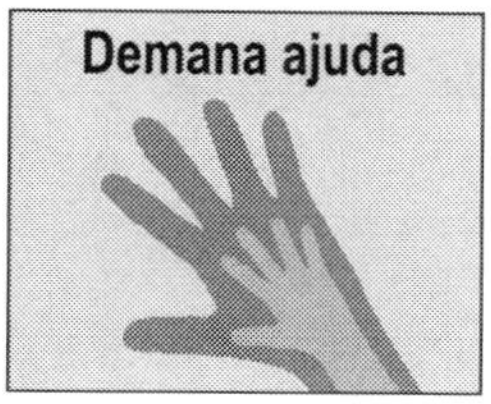

Més activitats!

Alimenta les teves verdures!

Necessites:
- 1 paquet de llavors de faves
- 2 recipients petits on plantar les llavors
- terra
- aigua
- fertilitzant per a plantes

Deixa unes 6 llavors en aigua tota la nit. Omple dos testos petits amb terra humida. Col·loca 3 llavors en cada test just per sota de la superfície de la terra. Deixa els testos prop de la finestra i controla'ls cada dia. Assegura't de que la terra no s'assequi! Quan vegis que les plantes comencen a créixer, afegeix fertilitzant a un dels dos testos. Segueix les instruccions de l'envàs del fertilitzant per saber quant n'has d'afegir. No afegeixis fertilitzant a l'altre test. Després de 3-4 setmanes, treu les plantes de la terra i dibuixa-les aquí sota. Com ha crescut cadascuna?

Plantes amb fertilitzant	Plantes sense fertilitzant

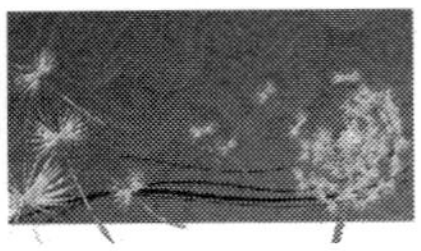

Més activitats!

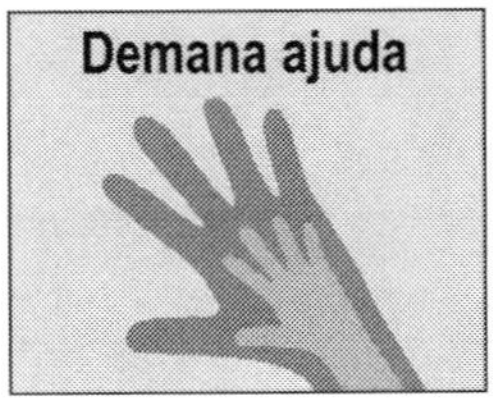

Com es reprodueixen les plantes!

Necessites:
- llavors de mongeta tendra, llavors de gira-sol, llavors de carbassa
- aigua
- testos petits
- terra

Deixa les llavors de mongeta en aigua durant una hora. Amb l'ajuda d'un adult, agafa una llavor i separa-la en les seves dues meitats. Mira la planteta que hi ha a dins i troba-hi les petites fulles i l'arrel. Posa 6-8 llavors de mongeta o altres llavors en aigua tota la nit. Posa les llavors en els testos amb terra humida i deixa'ls prop de la finestra. Mira les teves plantes créixer cada dia! Assegura't de que la terra no s'asseca i mira com creixen sense la llavor!

En quina direcció he de créixer?

Necessites:
- llavors de mongeta o altres llavors
- testos petits
- terra
- aigua

Posa unes 6-8 llavors de mongeta en aigua tota la nit. Prepara 2 testos petits i omple's amb terra humida. Col·loca 3-4 llavors en cada test, just per sota de la superfície de la terra. Col·loca els testos prop de la finestra i observa'ls cada dia. Assegura't que la terra no s'assequi. Un cop les plantes han crescut uns 13-15 cm en alçada, gira un dels testos de costat amb compte. Què creus que els passarà ara a les plantes? Observa què succeeix la següent setmana. Després d'uns 10 dies treu les plantes fora de cada test i renta la terra per eliminar-la. Què ha passat amb les plantes de cada test? Col·loca aquestes plantes sobre paper i dibuixa i pinta cadascuna de les plantes a la següent pàgina. Què creus que ha causat el canvi de creixement en aquestes plantes? Repeteix aquest experiment, col·locant un dels testos a la foscor i l'altre a la llum. Què creus que els passarà a les plantes que creixen en foscor? Passats 10 dies treu les plantes que estaven creixent en foscor. Què tenen de diferent respecte a les que han crescut en llum?

Dibuixa i pinta aquí les teves plantes.

Mestres, professors i pares de família:

Aquest llibre d'activitats/per pintar
va ser creat amb el suport de la
Societat Americana de Biòlegs de Plantes (ASPB)
per sensibilitzar fins i tot als ciutadans
més petits en l'importància, la relevància i
la bellesa de les plantes a la
nostra vida quotidiana.

Aquest llibre cobreix els 12 principis
De la Biologia Vegetal desenvolupats per la
Fundació per l'Educació de l'ASPB
(ASPB Education Foundation)
(veure la contraportada)
d'una manera que els joves lectors
puguin entendre i apreciar.

Està pensat per proporcionar una manera
divertida d'aprendre l'anatomia,
fisiologia, ecologia i evolució dels vegetals.

Per demanar còpies d'aquest llibre o per
sol·licitar com connectar amb botànics/biòlegs
vegetals de la vostra zona
si us plau, contacteu amb info@aspb.org.

Per més recursos i materials educatius,
si us plau visiteu www.aspb.org/education.

Made in the USA
Coppell, TX
05 November 2026

11286710R10022